Frieder Gabriel

Globale Erwärmung. Eine Folge der Globalisierung

Die Welt in Seenot

GRIN Verlag

Bibliografische Information der Deutschen Nationalbibliothek:

Die Deutsche Bibliothek verzeichnet diese Publikation in der Deutschen National-
bibliografie; detaillierte bibliografische Daten sind im Internet über http://dnb.d-
nb.de/ abrufbar.

Impressum:

Copyright © 2014 GRIN Verlag GmbH
Druck und Bindung: Books on Demand GmbH, Norderstedt Germany
ISBN: 978-3-656-67778-9

Dieses Buch bei GRIN:

http://www.grin.com/de/e-book/274739/globale-erwaermung-eine-folge-der-glo-
balisierung

2014

Globale Erwärmung - Eine Folge der Globalisierung?

Projektarbeit

09.04.2014

Christos Liusias, Daniel Schmidt, Frieder Gabriel, Ronja Becker

Eidesstattliche Erklärung:

Hiermit versichern wir, dass wir die vorliegende Arbeit selbstständig und ohne unerlaubte fremde Hilfe verfasst haben, und dass alle wörtlich oder sinngemäß aus Veröffentlichungen entnommenen Stellen dieser Arbeit unter Quellenangabe einzeln kenntlich gemacht sind.

Karlsruhe, den 09.4.2014

Unterschrift _____________________

        Christos Liusias

Unterschrift _____________________

        Daniel Schmidt

Unterschrift _____________________

        Frieder Gabriel

Unterschrift _____________________

        Ronja Becker

Inhaltsverzeichnis

Christos Liusias, Daniel Schmidt, Frieder Gabriel, Ronja Becker

1. Die Welt in Seenot – Globalisierung unser Untergang?

In vielen Bereichen der Erde spüren die Menschen heute schon die Auswirkungen der globalen Erwärmung. So kommt es dazu das Ursula Rakova bei der Klimakonferenz 2007 in Bali, mit ihrer Aussage, „Wo bleiben die Menschenrechte, wenn der Klimawandel Menschen zwingt ihr Zuhause aufzugeben?"[1] den Ernst der Lage verdeutlicht. Rakova und viele andere Bewohner der Carteret-Islands im Pazifik müssen ihren Wohnsitz verlassen, da das dort vorhandene Süßwasser durch den steigenden Meeresspiegel mit Salz versetzt und so der Anbau von Nahrungsmitteln auf kleine Landflächen eingeschränkt wird. So äußert sich Rakova ein weiteres Mal mit der Aussage, „Wir löschen unseren Durst nur noch mit Kokosnussmilch, alle Süßwasserquellen sind mit dem Salzwasser verseucht."[2] Hier wird erkennbar, welchen Einfluss das Wasser auf unser Leben hat und wie stark sich Veränderungen der Wasserverhältnisse auf dieses auswirken.

Einige Forscher beschäftigen sich jedoch nicht nur mit den derzeit spürbaren Problemen sondern auch mit den katastrophalen Spätfolgen der globalen Erwärmung. Eine Studie befasst sich, basierend auf der Forschung über die zerfallenden Meeresströmungen, mit der Möglichkeit einer daraus resultierenden Minieiszeit. Eine Zeit nähere Prognose besagt, dass durch das Erhitzen der Meere und Ozeane und der dadurch entstehenden Luftdruckverhältnisse, sich die Klimazonen verschieben und hieraus extreme Wetterbedingungen resultieren. Diese mit Wahrscheinlichkeit bevorstehenden Ereignisse haben uns dazu bewegt in der folgenden Arbeit uns näher mit diesem Thema und explizit der Pol und Gletscher zu befassen, mit der Frage: „Tragen derzeitige Globalisierungsprozesse einen maßgebenden Faktor zum Klimawandel bei."

Globalisierung ist ein Begriff welchen man nahezu täglich in den Medien vorfindet. Sie stellt eine weltweite Verflechtung in verschiedenen Bereichen wie Wirtschaft, Politik, Kultur und Umwelt dar. Zum Beispiel ist es in Bereichen der Wirtschaft heutzutage möglich, Güter und Waren jeglicher Art weltweit zu vermarkten. Dies wird durch die internationale Infrastruktur ermöglicht, welche den Binnenhandel, den Flugverkehr oder auch Fernverkehr über Landwege beinhaltet. Durch besagte Expedierungsmöglichkeiten, gibt es jedoch auch im Weltweiten Tourismus weitaus mehr Möglichkeiten. So ist es heute realisierbar in gemäßigten Teilen der Erde, das ganze Jahr über beispielsweise Zitrusfrüchte und andere tropische Früchte in exotischen Restaurants anzubieten, oder auch in zuvor politisch abgegrenzten und geographisch schwer erreichbaren Ländern und Inseln ganzjährig Urlaub oder auch Forschungsfahrten und Expeditionen zu unternehmen. Neben diesen positiven Aspekten stellen wir jedoch fest, dass die Globalisierung auch Nachteile und sogar Bedrohungen mit sich zieht. Einer dieser Aspekte ist der anthropogene Treibhauseffekt, welcher zum Teil durch Emissionen der oben genannten Verkehrsmöglichkeiten hervorgerufen wird. Er ist mit dafür verantwortlich,

---

[1] Greenpeace e.V. o.A.
[2] Esser 2011.

Christos Liusias, Daniel Schmidt, Frieder Gabriel, Ronja Becker

dass in unserer heutigen Zeit die Umwelt sehr strapaziert wird, dies kann man immer wieder an gewissen Ereignissen auf der Erde verfolgen.

Das Ziel unserer Arbeit ist es festzustellen ob und in welchem Ausmaß die Globalisierung zum Prozess der globalen Erwärmung, welche eines der bedeutendsten Umweltprobleme unserer Zeit darstellt, beiträgt und welche Faktoren ausschlaggebend sind. Dies wollen wir durch nähere Betrachtung des anthropogenen Treibhauseffektes und der daraus entstehenden Umweltveränderungen, wie dem Anstieg des Meeresspiegel oder auch der zonalen Veränderung von Wetterbedingungen und klimatischen Verhältnissen, erreichen.

2. Globale Erwärmung

Das Wort „Global" ist englisch und leitet sich von dem lateinischen „Globus" = Kugel ab. Global bedeutet weltweit, weltumfassend. In Zusammenhang mit der Erwärmung steht der Begriff für den Anstieg der globalen Durchschnittstemperatur und den dadurch erfolgenden Klimawandel. Wobei zum Klimawandel auch die natürliche Klimaerwärmung zählen. Mit der natürlichen Klimaerwärmung sind die Warm-und Kaltperioden gemeint die unsere Erde im Laufe ihrer Existenz abwechselnd durchläuft. Nach der letzten Eiszeit befinden wir uns im Moment in einer Wärmeperiode unterstützt durch Faktoren wie Vulkanausbrüche und Sonnenfleckenzyklen. Die globale Erwärmung steht vor allem für die vom Menschen verursachten Faktoren die zum Klimawandel beitragen. Menschliche Ursachen sind alle Faktoren bei denen Menschen verantwortlich für Klimaveränderungen sind. Zum Beispiel Landwirtschaft und Industrie. Der größere Anteil liegt bei der Industrie und den durch die Industrie erhöhten CO_2 Emissionen. Bestimmt wird die globale Durchschnittstemperatur seit dem Jahr 1850. Die tatsächliche globale Datenerhebung begann im Jahre 1957 mit den Messungen in der Antarktis. Ein Jahr später wurden mit Hilfe von Wetterballons Messungen in höheren Luftschichten durchgeführt. Einen Durchbruch zur Datenerhebung gab es im Jahr 1980 mit der Möglichkeit der Satellitenmessung.[3]

3. Indikatoren des Klimawandels

3.1 Ansteigende globale Durchschnittstemperatur

Seit der Mitte des 19. Jahrhunderts werden nah über dem Land und der Meeresoberfläche die Lufttemperaturen bestimmt, um an Hand der instrumentellen Messergebnisse die Erdoberflächentemperatur zu bestimmen und aufzuzeichnen. Zu diesem Zweck werden von tausenden Messstationen, welche rund um unseren Planeten verteilt sind, jeden Monat Durchschnittstemperaturen aus verschiedenen Ländern und Meeren, zusammen getragen um aus ihnen die ungefähre globale Durchschnittstemperatur der Erdoberfläche zu ermitteln.

---

[3]Vgl. IPCC 2007.

Christos Liusias, Daniel Schmidt, Frieder Gabriel, Ronja Becker

In den vergangenen Jahrhunderten ist der globale Temperaturanstieg in zwei Zeitfenster einzuteilen. Zum einen von 1910 bis einschließlich 1940 mit einem Anstieg von etwa 0,35 °C und ab 1970 weiterführend in das Jahr 2006 mit einem Anstieg von etwa 0,55°C.[4]

Im Durchschnitt verzeichnet sich ein Anstieg der globalen Temperaturen, in den Jahren von 1906 bis einschließlich 2006, von ca. 0,74 °C. Auffällig ist, dass die wärmsten Jahre, seit Anfang der Messungen bis 2007, von 1995 bis 2006 waren. Durch diese Gegebenheit wird der Umstand erklärt, dass zwischen 1906 und 2005 der durchschnittliche Temperaturanstieg von 0,74°C höher ist als in dem Zeitraum von 1901 bis 2000 mit einem durchschnittlichen Anstieg von 0,6°C, obwohl die Ermittlung der Durchschnittstemperaturen nur um fünf Jahre versetzt ist. Zwischenzeitlich kühlten die globalen Durchschnittstemperaturen gering ab, stiegen danach allerdings zügig wieder an.[4] Am besten ist der Anstieg der globalen Durchschnittstemperaturen in den tropischen Zonen zu erkennen, da dort die Jahres Temperaturen nur gering schwanken. Zum Beispiel in der Ortschaft Leticia in Kolumbien. Anhand der jährlichen Durchschnittswerte ist der Temperaturenanstieg trotz geringer Schwankungen zu erkennen. Die jährlichen Durchschnittswerte von 2000 bis 2013 gehen von 26,3 bis 27,4. Die Temperaturen sind jeweils in °C angegeben. Wie zu erkennen ist, ist die durchschnittliche Jahrestemperatur seit 2000 sichtbar angestiegen. [5]

Im Durchschnitt steigt die Temperatur unserer Weltmeere jedes Jahrzehnt um 0,1°C an. Bei diesem Wert handelt es sich um Messungen an der Meeresoberfläche. Das heißt: „dass die Weltmeere allein in den zurückliegenden 30 Jahren so viel Wärmeenergie aufgenommen haben, dass diese Menge ausreichen würde,um 30 Jahre lang jede Sekunde und öfter eine Atombombe explodieren zu lassen.“[6]

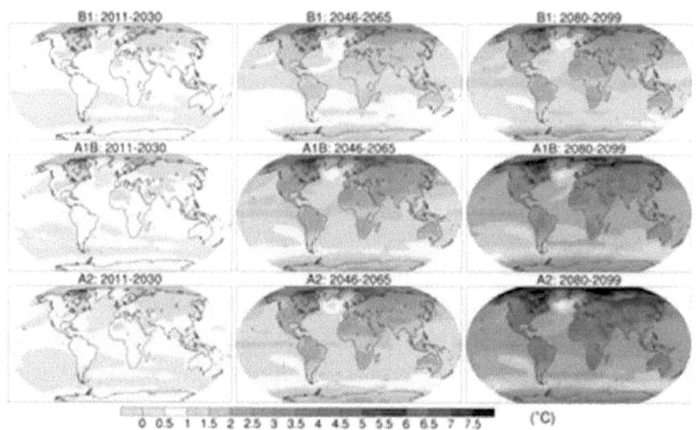

Abbildung 1: Prognose für 2011-2099 nach drei Szenarien, © IPCC, 2007 (http://www.ipcc.ch/graphics/ar4-wg1/jpg/fig-10-8.jpg)

---

[4] Vgl. Deutschen IPCC-Koordinierungsstelle 2008 S. 2-4, 7, 34, 35.
[5] Ebd.
[6] Alfred-Wegener-Institut 2014 S.5.

Christos Liusias, Daniel Schmidt, Frieder Gabriel, Ronja Becker

3.2 Gletscherrückgang und Abschmelzung der Polkappen

Die Abschmelzung der Eismassen unseres Planeten ist in solchem zu verstehen, dass die Dicke oder Länge des Eises von Gletschern und Eisschilden jährlich abnimmt. Hierzu werden Messungen in den Kalt- und Wärmezeiten in den hiesigen Gebieten getätigt. Daraus entnommene Werte werden dann mit denen der Jahre zuvor verglichen. Besagte Messungen werden auf dem gesamten Globus ermittelt, wobei dieser in drei Sektoren aufzuteilen ist. Zunächst in die größte Eismasse der Erde, der Antarktis, sowie in das Gebiet der Nordpolarkappe und die Eisschilde und Gletscher Grönlands. Als dritten Sektor werden die restlichen Eisareale der Erde bezeichnet. Hier sind zunächst die Permafrostböden Russlands und die Gletscher, wie auch die Schneefelder des Himalayagebirges zu erwähnen. Beinhaltet sind jedoch auch die südamerikanischen Anden, die deutschen wie auch die neuseeländischen Alpen und natürlich die Rocky Mountains in Nordamerika und Kanada. Dies sind wenige der bekanntesten Gebiete, betroffen von der Schmelze durch die erhöhten Luft- und Wassertemperaturen sind jedoch alle Eisvorkommen der Erde. Seit der Wende der letzten Eiszeit, dem Pleistozän Zeitalter, welches vor mehr als 12000 Jahren sein Ende nahm, schmilzt das Eis unseres Planeten.[7] Seit Beginn der Industrialisierung jedoch, vor etwa 160 Jahren, nimmt dieser Prozess stetig an Geschwindigkeit zu. In den 1970er Jahren bekommt die Globale Erwärmung nochmals einen Schub durch die gewaltigen Treibhausgasemissionen. So kommt es dazu, dass seit 1979 mehr als 40% des arktischen Meereises geschmolzen sind oder, dass seit rund 20 Jahren etwa 4000 Milliarden Tonnen Eis auf dem gesamten Erdball ihren Aggregatzustand in flüssig geändert haben.[8] Andrew Shepherd, ein Klimaforscher der britischen Universität Leeds, analysierte mit seinem Team aus Klimatologen und anderen Naturwissenschaftler, dass die im Schnitt 3000 Meter starken grönländischen Eisschilde und Gletscher seit 1996 durchschnittlich um etwa 152 Gigatonnen pro Jahr an Masse verlieren. Wobei es heutzutage ca. 220 km³ Eis sind, welche schmelzen, statt der vor 20 Jahren gemessenen 90 km³.[9]

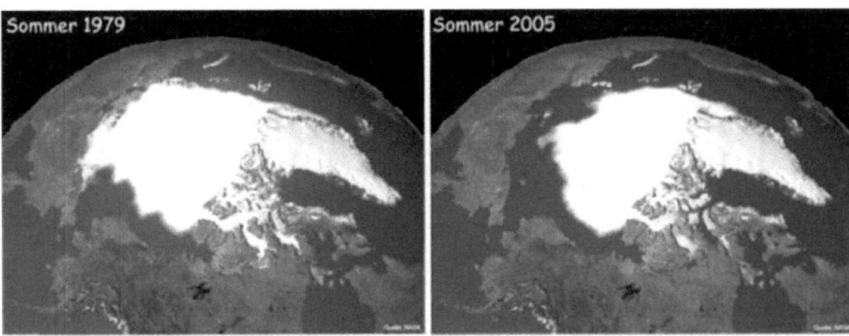

Abbildung 2 Kontinuierlicher Rückgang des arktischen Meereises über mehr als 25 Jahre infolge der globalen Erwärmung. (http://wetterjournal.files.wordpress.com/2009/02/meereis-1979-2005.png?w=700)

---

[7] Vgl. Wagner 2006.
[8] Vgl. Paeger 2006-2011.
[9] Vgl. Büchner 2012.

Christos Liusias, Daniel Schmidt, Frieder Gabriel, Ronja Becker

Außerdem stellt ein internationales Forscherteam fest, dass der Zacharea Eisstrom, einer der Gletscher Grönlands deren Zunge sich bis ins Meer erstreckt, sich seit 10 Jahren um 20 Kilometer verkürzt hat. „Zum Vergleich: Einer der bisher am schnellsten schwindenden Gletscher Grönlands, der Jakoshavn Isbrea im Südwesten der Insel, benötigte für 35 Kilometer immerhin 150 Jahre."[10] Das Problem bei Gletschern die ins Meer münden, wie auch im chilenischen Patagonien in den Anden ist, dass nicht nur die höheren Lufttemperaturen an ihnen zehren, sondern auch das immer wärmer werdende Wasser. Unterwasser schmilzt Eis etwa 20 mal schneller als an Land, was dazu führt, dass die „Stützsäule" des Gletschers unter der Wasseroberfläche irgendwann abbricht. Dadurch erhöht sich die Fließgeschwindigkeit des Gletschers und er schmilzt durch diesen Teufelskreis noch schneller. So geschieht es zum Beispiel auch am Perito Moreno einem Gletscher in Südpatagonien.[11]

Doch was passiert mit dem geschmolzenen Eis? Eis besteht vollständig aus gefrorenen Niederschlägen, das heißt aus Süßwasser, welches zum Einen für ein Süß- Salzwasserungleichgewicht sorgt, jedoch auch einen weiteren Indikator der globalen Erwärmung hervorruft, den Anstieg des Meeresspiegels.

3.3 Ansteigen des Meeresspiegels

Eine Debatte die mit der sich die Klimaforscher heute noch befassen.Die Gegner der globalen Erwärmung sind der Meinung, dass es seit 1998 keine Erwärmung des Klimas mehr gegeben habe und, dass die globale Erwärmung ein großer Schwindel sei. Darauf basierende Artikel, unter anderem von Spiegel Online, sind „ Klimawandel: Forscher rätseln über Stillstand bei Erderwärmung"[12] sowie „ Pause beim Klimawandel: Kühler Pazifik bremst globale Erwärmung"[13]

Die IPCC (Intergovernmental Panel on Climate Change) auch (Welt-)Klimarat genannt besteht aus hunderten internationalen Wissenschaftlern und Vertretern von über 100 Staaten deren Aufgabe es ist, den Klimawandel auf der Erde zu analysieren und Gegenmaßnahmen vorzuschlagen. Seit der Gründung im Jahre 1988 hat die IPCC fünf Berichte über den Klimawandel veröffentlicht. 1990 erschien der erste Bericht von der IPCC und enthielt die Aussage, dass die Erde sich erwärmt - und zwar so schnell wie in den letzten 10.000 Jahren nicht mehr. 1995 veröffentlichten sie den zweiten Bericht mit der Kernaussage:"Mehrere Anzeichen sprechen dafür, dass es einen erkennbaren menschlichen Einfluss auf das Klima gibt". Der dritte Bericht, welcher 2001 erschien bekräftigt, dass die Klimaveränderungen andauern werden. Die durchschnittlichen Temperaturen und der Meeresspiegel werden ansteigen. Es gibt fundierte Beweise dafür, dass der Mensch dafür verantwortlich ist. 2007 gliederte sich der vierte Forschungsbericht in vier Teile. In allen Teilen war die Grundaussage gleich: Der Mensch verstärkt den Treibhauseffekt, erhitzt den Planeten mit unabsehbaren Folgen und muss entschieden gegensteuern. Am 27.09.2013 kam der erste Teil des fünften Berichts, am 31.03.2014 der zweite und auch der dritte und letzte Teil soll noch im Jahre 2014 erscheinen.

---

[10] Vgl. ARD 2014.
[11] Vgl. Wieprzeck 2009.
[12] Vgl. Bojanowski, 2013.
[13] Vgl. Bojanowski, 2013.

Christos Liusias, Daniel Schmidt, Frieder Gabriel, Ronja Becker

Teil eins behandelt die Beobachtungen der Forscher sowie die Vorhersagen der Rechenmodelle nach denen der Meeresspiegel bis zum Jahr 2100 um 26 bis 82 Zentimeter ansteigen soll. Auch das Ziel die Erderwärmung auf zwei Grad zu begrenzen, wird den Prognosen zufolge verfehlt. Teil zwei hat die Auswirkungen des Klimawandels zum Thema. Treibhausgasemissionen werden das Risiko für Konflikte, Hungersnöte und Überflutungen in den kommenden Jahrzehnten vergrößern. Steigende Temperaturen erhöhen die Wahrscheinlichkeit "schwerer, tiefgreifender und irreparabler Folgen", warnen die Experten. Teil drei befasst sich mit den Möglichkeiten des Menschen, den Klimawandel zu bremsen, und gibt konkrete Handlungsempfehlungen.[14] Insgesamt umfasst das Werk 1000 Seiten mit etwa 55.000 kritischen Anmerkungen von Wissenschaftlern und bildet den kompletten Stand der derzeitigen Forschung ab.[15]

Aus dem Bericht von 2007 geht hervor, dass der globale Meeresspielgel im 20.Jahrhundert angestiegen ist und weiter mit zunehmender Geschwindigkeit steigt. Gründe dafür sind wie bereits erwähnt, die thermische Ausdehnung der Ozeane und dem Schmelzen von Eismassen aufgrund der stetig steigenden Temperaturen. Dies hat, laut Schätzungen, zur Folge, dass im 20. Jahrhundert der globale Meeresspiegel um etwa 1,7mm/Jahr angestiegen ist. Aus Satellitenbeobachtungen lassen sich genauere Daten für den Meeresspiegelanstieg ermitteln. Es ist erkennbar, dass seit 1993 der globale Meeresspiegel mit 3mm/Jahr fast doppelt so schnell wie die geschätzte Geschwindigkeit angestiegen ist. Pegelmessungen an den Küsten bestätigen diese Beobachtungen. Zu Beobachten ist auch, dass der Anstieg des Meeresspiegels nicht überall auf der Welt gleichmäßig ist. In einigen Regionen betragen die Zuwachsraten ein Vielfaches des mittleren globalen Anstiegs, während der Meeresspiegel in anderen Regionen sinkt. Diese räumlichen Unterschiede lassen sich auch durch hydrografische Beobachtungen ableiten. Die Gründe für diese Unterschiede lassen sich auf ungleiche Änderungen der Temperaturen und des Salzgehalts zurückführen und stehen im Zusammenhang mit der Ozeanzirkulation. Im 21. Jahrhundert wird der globale Meeresspiegel Projektionen zufolge schneller ansteigen als je zuvor. Mitte der 2090er Jahr wird der Meeresspiegel laut A1B-Szenario des "IPCC-Sonderberichts über Emissionsszenarien (SRES)" auf 0,22m bis 0,44m über dem Niveau von 1990 angestiegen sein. Dies entspricht einer Geschwindigkeit von 4mm/Jahr. Die Abbildung zeigt die Entwicklung des mittleren globalen Meeresspiegels in der Vergangenheit ab 1800 und die Projektionen für das 21. Jahrhundert basierend auf dem SRES A1B Szenario.[16]

---

[14] Vgl. Tagesschau, 2014.
[15] Vgl. Tagesschau, 2013.
[16] Vgl. IPCC 2007.

Christos Liusias, Daniel Schmidt, Frieder Gabriel, Ronja Becker

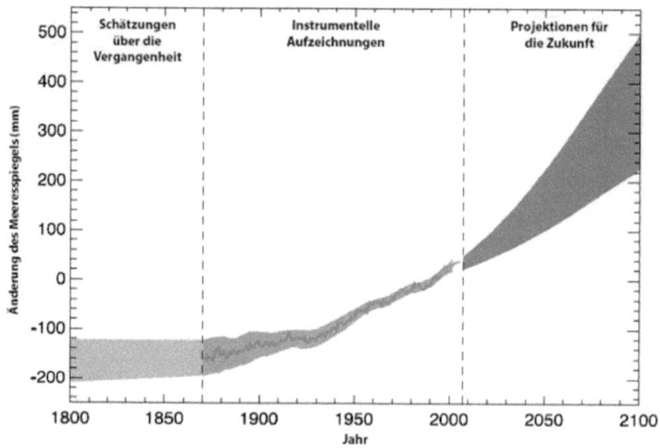

Abbildung 3: Der Graf des Meeresspiegels (http://www.de-ipcc.de/de/174.php, 2007)

4. Anthropogener Treibhauseffekt als Ursache der globalen Erwärmung

Die Frage, die sich viele Wissenschaftler nach den Naturereignissen, wie dem Anstieg der Temperatur, dem Schmelzen der Gletscher und dem daraus resultierenden Anstieg des Meeresspiegels stellen, ist, wo der Ursprung dieser Phänomene zu lokalisieren ist.

Dabei ist zu Beginn die Globalisierung zu nennen. Dadurch nahm diese Entwicklung, bis hin zur heutigen Problematik der globalen Erwärmung, ihren Lauf. Durch die Globalisierung wurden die Grenzen weltweit für den Handel und den Personenverkehr geöffnet, wodurch es zu einer allgemeinen Bequemlichkeit in unserer Gesellschaft kam[17]. Auch kurze Strecken werden häufig mit dem Auto zurückgelegt.[18] Es ist möglich schnell und problemlos per Flugzeug jederzeit überall auf der Welt hin zu gelangen und letztendlich legen sämtliche Produktionsgüter lange Strecken, oft eine Weltreise, zurück.

Der normale Menschenverstand würde das Letztere für völlig sinnlos erklären und würde meinen, dass durch diese vielen Expedierungswege die Ware noch teurer sein müsste, beziehungsweise die Ware teuer macht. Doch gerade mal 11% der Stückkosten machen Transport, Steuern und Import aus[19]. Betrachten wir diesen Vorgang am Beispiel der Jeans, die weltweit getragen wird: „Die in Indien oder Kasachstan produzierte Baumwolle wird in der [4.800km entfernten[20]] Türkei zu Garn versponnen, das anschließend auf die Philippinen zum Einfärben geschickt wird. Die dafür verwendeten Farben stammen häufig aus Deutschland. Aus der gefärbten Baumwolle wird in Taiwan der Jeansstoff gewebt, [das bedeutet eine weitere Distanz von über 37.500km[21]]. Zugeschnitten wird mitunter noch in Europa. Genäht wird derzeit am

---

[17] Vgl. Fuchs 2005.
[18] Ebd.
[19] Vgl. Käfer 2000, S.6.
[20] Vgl. Wulf 2002.
[21] Ebd.

Christos Liusias, Daniel Schmidt, Frieder Gabriel, Ronja Becker

häufigsten in China oder Bangladesch. Die für die Fertigung verwendete Kurzware – wie Garne, Nieten und Knöpfe stammen oft aus Italien oder Frankreich. Ausgewaschene Jeans machen nun noch einen Abstecher nach Griechenland oder in die Türkei, wo sie mit Steinen gewaschen oder mit Sand gestrahlt werden. Nachdem ihr erster Käufer die Jeans in Deutschland [welche bereits schon mehr als 56.300 km hinter sich hat[22]] [...] gekauft und getragen hat, gelangt sie womöglich über eine Altkleidersammlung nach Afrika wo sie ein zweites Mal verkauft und getragen wird. Per Containerschiff über die Ozeane, auf Schienen und Straßen reist eine Jeans, und zuvor das Material für die Hose, also mehrere Tausend Kilometer rund um den Globus [dies sind im Schnitt etwa 50.000 bis 100.000km[23]]."[24]

Die Frage nach dem Warum lässt sich einfach erklären. Es wird dort produziert, wo es am günstigsten ist, das heißt, die Produktion wird von den Industrieländern hauptsächlich in Entwicklungsländer verlegt, da man dort von anderen Arbeitsbedingungen, wie geringerem Lohn, längeren Arbeitszeiten und keinen Sozialleistungen, profitiert und somit die Ware zu einem günstigeren Preis in den Industrieländern anbieten kann. Die Transportkosten, welche benötigt werden sind im Vergleich zur heimischen Produktion, deutlich geringer.[25]
Dieses hohe Transportaufkommen der Produktionsgüter ist einer der Gründe, weshalb es zu dem sogenannten anthropogenen Treibhauseffekt kam. „Anthros" (altgriechisch) für „der Mensch", Anthropogen bedeutet daher „vom Mensch geschaffen"[26]. Damit sind also die Faktoren, die vom Mensch verursacht und den Treibhauseffekt verstärken, gemeint. Somit ist der Mensch ein Klimafaktor, der das globale Klima beeinflusst und Klimaänderungen verursachen kann.[27] Der natürliche Treibhauseffekt ist Voraussetzung für die Entstehung und Erhalt des Lebens auf der Erde. Bedenklich ist dagegen der von den Menschen verursachte, zusätzliche Treibhauseffekt. Hauptursachen sind dabei der, seit der Industrialisierung stark gestiegene Ausstoß durch die Verbrennung fossiler Brennstoffe sowie durch die Rodung der Wälder, wegen dem immensem Bevölkerungswachstum und dem Anstieg von Methan durch die Vieh- und Landwirtschaft[28]. Dabei werden die Anteile der Gase Kohlendioxid und Methan, die zu den natürlichen Treibhausgasen gehören, sowie die vom Mensch verursachten neuen Treibhausgase, wie Fluorchlorkohlenwasserstoff (FCKW)[29], erhöht.

Betrachten wir den anthropogenen Treibhauseffekt genauer. Die Sonne strahlt kurzwellige, also Licht, und langwellige Strahlung, Wärme, aus, diese gelangen durch die Atmosphäre auf die Erde und erwärmen Luft-, Meer und Landmassen. Die kurz- und langwelligen Strahlen werden nach dieser Erwärmung wieder reflektiert. Gäbe es keinen Treibhauseffekt würde die gesamte Strahlung wieder zurück ins All gelangen und wir hätten minus 18 Grad auf der Erde. Durch den natürlich existierenden Treibhauseffekt wird ein Teil der langwelligen Strahlen von den natürlichen Treibhausgasen reflektiert und erwärmt somit die Erde. Infolge der anth-

---

[22] Ebd.
[23] Ebd.
[24] Alf 2011.
[25] Vgl. Alf 2011.
[26] Vgl. Fuchs 2005.
[27] Vgl. Freie Universität Berlin 2009.
[28] Vgl. Fuchs 2005.
[29] Vgl. Freie Universität Berlin 2006.

Christos Liusias, Daniel Schmidt, Frieder Gabriel, Ronja Becker

ropologisch veränderten Zusammensetzung der Atmosphäre durch die neuen Treibhausgase wird mehr Wärmestrahlung zurück zur Erde reflektiert, wodurch die Energie in der Atmosphäre selbst erhalten bleibt und die Temperatur immer weiter steigt. Im Gegensatz zu den langwelligen Strahlen durchdringen die Kurzwelligen die Atmosphäre ungehindert[30].

„Gleichzeitig jedoch verdampft durch die höhere Temperatur mehr Wasser. Wasserdampf ist zwar ebenfalls ein Treibhausgas, steigt der Anteil jedoch zu weit an, bilden sich Wolken. Wolken haben aber auch den gegenseitigen Effekt. Sie sind schon für das eintreffende Sonnenlicht nicht transparent. Die Energie wird also abgestrahlt, bevor sie auf dem Erdboden auftreffen kann. Ob diese Einflüsse sich gegenseitig aufheben können, ist aber noch nicht abschließend geklärt"[31] Wobei vermutet wird das der Effekt der Erwärmung überwiegt. Welches Ausmaß der Mensch zur Erderwärmung beiträgt, ist im ersten Moment nicht erkennbar. Einer Studie der WWF, Stand 2011, zufolge glauben 43 Prozent der Deutschen, dass sie genug für den Naturschutz machen.[32] Die Meisten sind der Meinung, dass sie umweltbewusst leben und nichts an ihrem Lebensstil ändern müssen. Wird dieser jedoch mit dem sogenannten ökologischen Fußabdruck geprüft, kommt die nackte Wahrheit ans Licht. Immer ist das Ergebnis für die Betroffenen verblüffend. Bei diesem ökologischen Fußabdruck, welcher in Hektar oder der Anzahl an Erden gemessen wird, der jederzeit im Internet errechnet werden kann, zählen alle Ressourcen, die für den Alltag benötigt werden und zeigen, wie viel Fläche benötigt wird um diese Rohstoffe und Energie zur Verfügung zu stellen. Dieser Wert wird dann auf alle Menschen hochgerechnet, wie viele Erden benötigt werden würden, wenn alle den Verbrauch der getesteten Person hätten. Dabei wird unterteilt in vier Hauptkategorien, Wohnen sowie Energie, Konsum, Ernährung und Verkehr. Der Fußabdruck stellt somit quantitativ die CO_2 Bilanz und qualitativ den Flächenbedarf dar. Der deutsche Durchschnittsabdruck beträgt 5,1 Hektar und dabei wird Wohnen und Energie 25% zugeordnet, Konsum 18%, Ernährung 35% und dem Verkehr 22%.[33]

Wir haben von zwei Personen, einer männlichen und einer weiblichen, zwischen 15 und 20 Jahren, den ökologischen Fußabdruck getestet. Diese hatten mit einem solchen Ergebnis nicht gerechnet. Für den Konsum der jungen Frau müsste es etwa 2,45 Erden geben. Sie hat einen Fußabdruck von rund 4,41 Hektar und liegt somit sogar noch unter dem deutschen Schnitt. Wenn jedoch die gesamte Weltbevölkerung so leben würde wie unsere männliche Testperson benötigten wir ganze 3,53 Erden, um diesen Konsum zu decken. Sein Abdruck beträgt 6,36 Hektar und somit ist der deutsche Schnitt zwischen unseren beiden Testpersonen. Betrachten wir die Werte von 2,45 und 3,53 Erden, fällt einem offensichtlich auf, dass wir nur eine Erde besitzen und diese Werte viel zu hoch sind. Auch wenn viele Länder einen kleineren Fußabdruck haben appellieren immer wieder Naturschützer zu mehr Rücksicht. Doch viele wollen auf ihren, durch die Industrialisierung gewonnenen, Komfort nicht verzichten.

---

[30] Vgl. Fuchs 2005.
[31] Fuchs 2005.
[32] Vgl. WWF 2011.
[33] Vgl. Peckny (ökologischer Fußabdruck)
Erden: Wenn jeder so leben würde, wie bisher bräuchte die Menschheit eine gewisse Anzahl an Erden, wir besitzen aber nur eine.

Christos Liusias, Daniel Schmidt, Frieder Gabriel, Ronja Becker

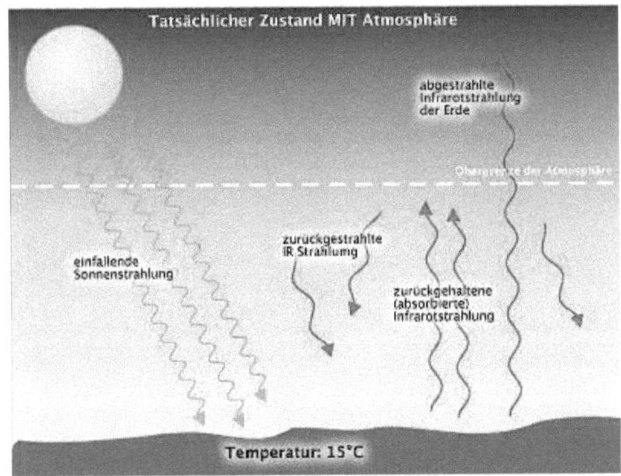

Abbildung 4 Treibhauseffekt 2009 (http://upload.wikimedia.org/wikipedia/commons/6/65/Einstrahlung-ausstrahlung-mit-atmosphaere.jpg)

5. Folgen und Aussichten der globalen Klimaveränderung

5.1 Dauerhafte Überflutung von Landmassen

Eine Folge der globalen Erwärmung ist wie schon erwähnt, der Anstieg des Meeresspiegels, hervorgerufen durch das bisherige Schmelzen globaler Eismassen, welche ca. ein Fünftel zum Anstieg beitragen. Sowie durch das Ausdehnen der Meere und Ozeane aufgrund der erhöhten Wassertemperaturen. Im letzten Jahrhundert ist der Wasserpegel der Erde durchschnittlich um etwa 20 Zentimeter angestiegen, davon ca. fünf Zentimeter in den letzten 20 Jahren. Diese fünf Zentimeter haben bereits Auswirkungen auf das Leben vieler Menschen. Überwiegend auf das, jener die auf küstennahen, flachen Landebenen leben. Hier versalzt zunehmend das Grundwasser, was als Resultat die Agrarwirtschaft stark beeinflusst. Doch das Versalzen ist nur eine geringe Folge des Wasseranstiegs. Vielmehr bedeutend sind die Auswirkungen, welche schon in den nächsten 40 bis 90 Jahren auf uns zukommen. Prognostiziert wird hier eine durchschnittliche Erhebung des Meeresspiegels von etwa 40 bis 120 Zentimeter.[34]

---

[34] Vgl. IPCC 2007

Christos Liusias, Daniel Schmidt, Frieder Gabriel, Ronja Becker

Abbildung 5 Malediveninsel heute 2014 (http://img.geo.de/div/image/74607/insel-01.jpg) Abbildung 5.1 Malediveninsel in 100 Jahren 2014 (http://img.geo.de/div/image/74607/insel-03.jpg)

Beispielsweise die Malediven, eine Ansammlung von etwa 1200 Inseln im indischen Ozean, liegen zum Großteil unter einem Meter Landhöhe. Das bedeutet , dass eines der wohl beliebtesten Urlaubsziele der Erde von der Landkarte verschwinden könnte, welches außerdem der Wohnsitz von rund 400.000 Menschen ist.[35] Weitere Prognosen besagen, dass bis zum Jahr 2300 die Meere schon zwischen 2,5 und 5,1 Meter an Höhe gewinnen sollen. Diese Folge würde derzeit 300 Millionen Menschen eine schwere Last auf die Schultern legen, und zwar den Verlust ihrer Heimat. Heute leben etwa diese Anzahl an Menschen unter fünf Metern über Normal Null. Die überflutete Fläche würde ungefähr zwei Millionen km^2 betragen, dies entspricht etwa der fünffachen Fläche Spaniens, welche vom Meer „verschluckt" würde. Jedoch kommen auch wir in Deutschland nicht ohne die Auswirkungen zu spüren davon. In den letzten 15 Jahren kam es zu Verheerenden Überschwemmungen großer Gebiete Nord- und Mitteldeutschlands. Und auch im Süden blieb die Bevölkerung nicht verschont. Zahlreiche Flüsse wie Elbe, Donau, Neckar, Rhein, Oder und Saale sowie deren Nebenarme schlugen über die Ufer und verursachten Leid im ganzen Land. Die Häufigkeit dieser Katastrophen würde mit dem Anstieg des Wasserspiegels ebenfalls noch zunehmen.

Doch das Element Wasser hat noch weitere Einflüsse auf die Zukunft der Erde, einer dieser Einflüsse ist die prognostizierte, extreme Abkühlung der westeuropäischen Atlantikküste durch das Erliegen des Golfstroms, der Wärmepumpe unseres Kontinents.[36] [37]

5.2 Globale Veränderung der Meeresströmungen (Prognose Eiszeit)

Meeresströmungen sind die Förderbänder der Ozeane. Das Bedeutendste ist das sogenannte „globale Förderband"[38], besser bekannt als Golfstrom, welcher eines der komplexesten und wohl wichtigsten Naturphänomene unseres Planeten ist. Der Golfstrom ist die größte Meeres-

---

[35] Vgl. Buche 2014.
[36] Vgl. Co2online 2014.
[37] Vgl. Esser 2011.
[38] Vgl. Bayerischer Rundrunk 2012.

Christos Liusias, Daniel Schmidt, Frieder Gabriel, Ronja Becker

strömung der Welt. Er bewegt stellenweise Wassermassen von über 100 Millionen m³ mit einer Geschwindigkeit von etwa zwei Metern pro Sekunde.[39]

Der Kreislauf des Golfstroms beginnt westlich des afrikanischen Kontinents und erstreckt sich mit einer Breite von bis zu 200 Kilometern nach Mittelamerika in den Golf von Mexiko, durch diesen er auch seinen Namen trägt. Von dort fließt er, entlang der nordostamerikanischen Küste nach Norden bis hinzu Europa. Hier teilt sich der Golfstrom in drei Strömungen auf. Ein Teil fließt zurück nach Osten auf Höhe des Bundesstaates Florida. Der zweite Teil bekannt als Kanarenstrom fliest nach Süden, entlang der westafrikanischen Atlantikküste bis zur Antarktis. Auf diesem Breitengrad umrundet er fast einmal den gesamten Globus und schraubt sich dann wieder in Richtung Norden an Australien vorbei zum Äquator. Hier dreht er eine Schleife und fließt durch Indonesien durch vorbei am Kap der guten Hoffnung zurück zu seinem Ursprung. Der als Nordatlantikstrom bekannte und dritte Teil der Spaltung im Norden fließt vorbei an Irland und Großbritannien in Richtung Norwegen und von dort wieder südwärts in den Kanarenstrom. Diese Bewegungen finden in zweierlei Arten statt. Zunächst als warme, salzarme Oberflächenströmungen und dann durch Abfall der Temperaturen als kalte, salzreiche Tiefseeströmungen.[40]

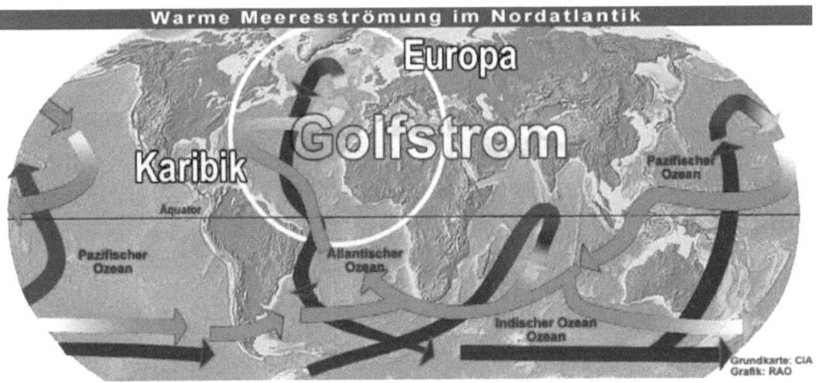

Abbildung 6 Meeresstömungen der Erde 2000-2014 (http://raonline.ch/images/edu/nw2/sea_currentsmap02.jpg)

Nun haben einige Wissenschaftler festgestellt, darunter auch Detlef Quadfasel von der Hamburger Universität, dass die Intensität des Golfstromes, oder genauer, die des Segmentes des Nordatlantikstromes, in den letzten 50 Jahren um 30% abgenommen hat. Nun stellt sich die Frage: „Was geschieht, wenn dieser Strom erliegt?" Quadfasel äußert sich hierzu mit der Aussage „Dann wird's kalt."[41]

Der Nordatlantikstrom ist auch als „Wärmepumpe Europas[42]" zu bezeichnen. Er transportiert warmes salzarmes Wasser von Amerika nach Nordeuropa und heizt somit die nordeuropäi-

---

[39] Vgl. Bayerischer Rundrunk 2012.
[40] Vgl. Aufmkolk 2010.
[41] Quadfasel o.A.
[42] Vgl. Bayerischer Rundrunk 2012.

Christos Liusias, Daniel Schmidt, Frieder Gabriel, Ronja Becker

sche Atlantikküste auf, sodass hier milde Temperaturen mit einem jährlichen Durchschnitt von etwa 15 °C herrschen, im Gegensatz zu anderen Gebieten, welche auf dem selben Breitengrad liegen. Beispielsweise Churchill in Kanada mit Jahresdurchschnittstemperaturen von rund -6 °C. Westlich von Skandinavien trifft der Nordatlantikstrom dann auf den kalten salzreichen Labradorstrom und vermengt sich mit mit ihm. Hier ist die „Turbine" unserer Wärmepumpe. Das schwere Salzwasser fällt, in riesigen Wassersäulen, sogenannten Chimneys, rapide um etwa 4000-5000 Meter ab und holt somit Schwung um die Strömung anzutreiben.[43] Nun schmelzen, wie erwähnt, durch die vom Menschen mitverantwortete globale Erwärmung, immer mehr Eisvorkommen unseres Planeten. Vor allem das der Nordpolarkappe. Dieses Eis besteht aus leichtem Süßwasser. Vermengt sich dieses mit dem Salzwasser des Nordatlantikstromes, fällt dieses Gemenge nicht mehr so stark und tief ab wie zuvor. Daraus resultiert eine Abnahme der Kraft besagter Pumpe bis hin zum Stillstand der Strömung. Eine Folge hiervon würde seien, dass die durchschnittlichen Temperaturen Nordeuropas um ca. 4°C und mehr abfallen. Dies würde wiederum dazu führen, dass die nördlichen Eisschilde sich, im schlimmsten Fall, bis vor die Küsten Irlands und Großbritanniens ausdehnen und im nordeuropäischen Gebiet sibirische Winterverhältnisse in den kalten Jahreszeiten herrschen würden. Das Erschreckende an diesem Szenario ist, dass es vor rund 12.000 Jahren bei etwa gleichen Klimabedingungen schon einmal stattgefunden hat. Dies beweisen Bohrkernproben aus Grönland. Außerdem befürchtet Richard B. Alley, Klimaforscher, dass „der Temperatursturz im 21. Jahrhundert stärker ausfalle als gegen Ende der letzten Kältezeit."[44] Somit bekämen wir die nächste Eiszeit.

5.3 Erwärmung der Meere und Zerstörung des ökologischen Gleichgewichts

Weltweit erwärmen sich die Meere und dadurch wird das dort existierende ökologische Gleichgewicht zerstört. Eine Ursache für das Ungleichgewicht stellt der sinkende Sauerstoffgehalt der Weltmeere dar.

Warmes Wasser kann weniger Sauerstoff aufnehmen als kühles, daher sinkt mit dem Anstieg der Wassertemperatur der Sauerstoffgehalt. Ein weiter Grund liegt in der durch die Erwärmung begünstigten Schichtenbildung des Wassers. Gemeint ist damit, dass das Wasser auf Grund seiner Dichte, welche Temperatur abhängig ist, sich in Schichten anordnet. Bei einer Temperatur von 4 °C hat Wasser seine größte Dichte und ist somit am „schwersten". In Folge dessen sinkt es an den Grund. Durch diese Schichtung wird es dem Sauerstoffreichen warmen Wasser, erschwert sich mit den weniger sauerstoffreichen unteren Wasserschichten zu vermengen. In diesem Fall ist das warme Wasser sauerstoffreicher als das Kalte Wasser da es sich um die der Luft am nähsten Wasserschicht handelt. Zusätzlich werden in Form von Düngemitteln und Abwässern in Küstengewässern dem Meer Nährstoffe zugeführt. Die erste daraus resultierende Folge ist in der Verbindung mit dem Anstieg der Wassertemperaturen ein

---

[43] Vgl. Bayerischer Rundfunk 2012.
[44] Vgl. Orzechowski 2013.

Christos Liusias, Daniel Schmidt, Frieder Gabriel, Ronja Becker

extremes Wachstum von Algen. Die Zweite Folge besteht in den sauerstoffzehrenden Bakterien, welche die zu Boden gesunkenen Reste verarbeiten.[45]

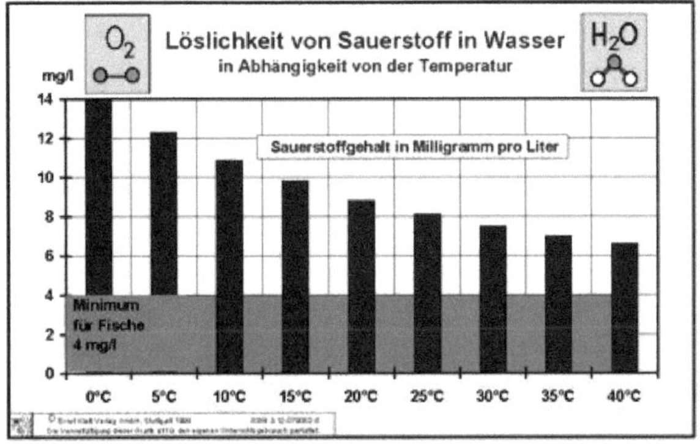

Abbildung 7 : Löslichkeit von Sauerstoff in Wasser 1999 (http://www.seilnacht.com/Diagramm/Sauerst.gif)

Daraus resultiert unweigerlich das der Sauerstoffgehalt in den Meeren weiter abnimmt. Es bilden sich von Wissenschaftlern als „ tote Zonen" bezeichnete Wasserschichten. Als „tote Zone" werden all jene Wasserschichten bezeichnet, in denen durch die geringe Sauerstoffkonzentration nahezu kein Leben existiert. (Bis 2100 könnte der Sauerstoffgehalt der Ozeane um 1 bis 7 Prozent abnehmen. Ein erheblicher, lebensbedrohlicher Stressfaktor für das Leben Unterwasser.) Die Globale Erwärmung trägt allerdings auch noch zu einem ganz anderen Phänomen bei. In den letzten 200 Jahren ist der pH-Wert des Meerwassers um ca. 0,1 gesunken. Umgerechnet bedeutet dieser Zahlenwert dass das Meerwasser um etwa 30% Saurer geworden ist. Dies geschieht aufgrund der steigenden CO_2 – Emissionen. Denn jedes Jahr wird Schätzungen nach über ein Viertel des künstlich produzierten Kohlendioxidgases von den Weltmeeren aufgenommen. Ist dies geschehen, wird eine chemische Reaktion zwischen dem Meerwasser und dem Treibhausgas ausgelöst und es entsteht Kohlensäure. Folgenschwer sind die Resultate. Im gelöstem Zustand wird das Gas von den Meeresorganismen aufgenommen und erschwert bzw. verhindert den Aufbau von Karbonat. Gerade diesen Baustoff benötigen zuweilen Wasserlebewesen wie Korallen und Muscheln zum Aufbau ihres Kalkskeletts oder ihrer Kalkschalen. Wird der Karbonaufbau gestört, hören diese Organismen auf zu wachsen oder lösen sich bei starker Versauerung sogar auf. Mit dem Absterben von Korallen sterben die Unterwasserwälder und das Fundament eines einzigartigen Ökosystems bricht zusammen. Es gibt allerdings auch ganz direkte Folgen der steigenden Meerestemperaturen. Wasserorganismen wie Fische, Krebse und Korallen sind optimal an ihre Lebensräume und die dort herrschenden Wasserverhältnisse angepasst. Eine Folge dieser perfekten Anpassung ist, dass sie zum Überleben auch dieses ganz spezielle Miljö brauchen. Schwankungen in Bereichen wie Temperatur, Härte oder pH-Wert führt bei ihnen zu Krankheiten, der Einstellung der Fortpflanzung oder zu ihrem Tod. Wie empfindlich Organismus gegenüber solchen Schwankun-

---

[45] Vgl. Alfred-Wegener-Institut 2014 S. 1-9.

Christos Liusias, Daniel Schmidt, Frieder Gabriel, Ronja Becker

gen reagieren, ist abhängig von ihrer Art. Manche Arten sind empfindlicher als andere. Bei Korallen liegt die optimale Temperatur zwischen 23 und 29°C. Herrschen Wassertemperaturen von 30°C geraten Korallen schon nach einer Woche in Hitzestress. Während dieser Zeit verstoßen sie ihre Zooxanthellen. Diese Mitbewohner ihres Kalkskeletts sind allerdings für die Ernährung der Koralle zuständig, ohne die die Koralle stirbt. So starben während einer Hitze Periode im Jahre 1998 wahrscheinlich 50 bis 90% der Korallen zentral und westlich des Indischen Ozeans. Zu dem fördert das warme Wasser starkes Algen-wachsen wie zum Beispiel der Kalkrotalge. Diese belagert die Wasseroberfläche und sorgt dadurch für weniger Sonnenlicht, Nährstoffe und Sauerstoff für die darunter liegenden Korallenriffe. Die Erwärmung der Meere gefährdet daher direkt Nahrungsketten. Durch das Schmelzen beispielsweise des Antarktis-Eises werden weniger der Algen gebildet welche Nahrung für die Krillschwärme bilden, auch bietet die Eisdecke weniger Spalten in denen sich der Krill in jungen Jahren verstecken kann. Daraus folgt weniger Krill, weniger Krill für größere Fische und Wale. Dies führt wiederum zum Artensterben. So geht es vielen voneinander abhängigen Arten.[46]

5.4 Verschiebung der Klimazonen

Zu Beginn dieses Themas sollte kurz erklärt werden was Klimazonen sind und welche im Folgenden unterschieden werden. Klimazonen sind Regionen der Erde, an denen die gleichen bzw. ähnlichen klimatischen Bedingungen herrschen.[47] Unterschieden wird die Kalte Zone (Polare/Subpolare Zone) mit niedrigen Temperaturen die nur in den Sommermonaten über dem Gefrierpunkt liegen, sowie ein geringer Niederschlag welcher in den warmen Monaten etwas erhöht ist.[48] Die Gemäßigte Zone - nach Neef beinhaltet sie die meisten Klimatypen. Seeklima der Westseiten, das Übergangsklima, das Kühle Kontinentalklima, das Ostseitenklima und das sommerlich heiße Kontinentalklima. Abhängig von der Entfernung zum Meer, verändern sich bei diesen Klimatypen die „Ausprägung der Jahrestemperaturen und – Niederschläge". Von Richtung Seeklima zu Richtung Landklima, sinkt die Durchschnittstemperatur, die Temperaturschwankungen steigen und die Niederschlagssumme nimmt ab.[49] Eine weitere Zone bilden die Subtropen, welches in das Winterregenklima der Westseiten und das Subtropischen Ostseitenklima aufteilen lassen. Beim Winterregenklima der Westseiten regnet es überwiegend im Winter und nur wenig im Sommer. Hierbei entsprechen Temperaturen und der Niederschlagsverlauf, des Winterregenklima der Westseite, dem Subtropischen Ostseitenklima. Der Grund für den durchgehenden Regen der Ostseite liegt bei Winden die dort im Sommer aktiv sind.[50] So wie die Tropische Zone mit den folgenden Merkmalen. Es gibt keine Jahreszeiten, Niederschlag und Temperaturen sind das gesamte Jahr ungefähr gleich stark in ihrer Ausprägung. Das Wetter ist warm und feucht. Es wird auch Tageszeitenklima genannt da die Temperaturunterschiede im Laufe des Tages unterschiedlicher sind als im ganzen Jahr.

---

[46] Vgl. Alfred-Wegener-Institut 2014 S. 1-9.
[47] Vgl. Forkel (2012).
[48] Vgl. Forkel (2012).
[49] Vgl. Forkel (2012).
[50] Vgl. Forkel (2012).

Christos Liusias, Daniel Schmidt, Frieder Gabriel, Ronja Becker

In der Zone des Tropischen Wechselklimas gibt es eine Regen- und eine Trockenzeit, während das gesamte Jahr über die Temperaturen nur gering schwanken.[51]

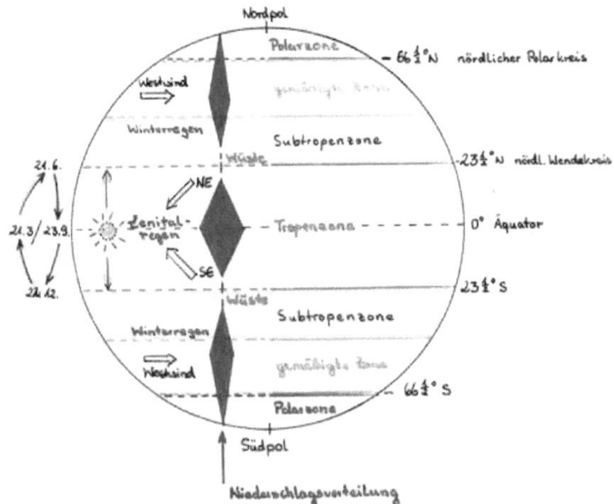

Abbildung 8: Klimazonen der Erde (http://www.hofbauers.info/Erdkunde/GK13/Klimazonen.html)

Von einer Klimazonenverschiebung wird dann gesprochen, wenn sich das Klima welches in der einen Zone herrscht auf Regionen ausdehnt, in denen zuvor ein anderes Klima geherrscht hat. Eine Verschiebung findet auch dann statt, wenn Klimazonen die Standorte ändern. Festzustellen ist diese Verschiebung nicht nur durch das Klima sondern auch durch die dort ansässige Vegetation.. Es lässt sich beobachten, dass sich mit dem Anstieg der globalen Durchschnittstemperatur die Klimazonen in Richtung der Pole verschieben. Begründen lässt sich diese Beobachtung durch die Tatsache, dass die Temperaturen von Richtung des Äquators in Richtung der Pole abnimmt. Diese Abnahme der Temperaturen kommt durch den Strahlungswinkel des Sonnenlichts zustande.[52] Am 4.6.2010 veröffentlichte die Universität von Kalifornien in Berkeley in einer Kooperation mit Forschern aus dem US Agrarministerium eine Analyse über Vegetationsverschiebung in den Klimazonen. Die Analyse zeigt, dass sich seit dem 18. Jahrhundert 15 Fälle von „Bioverschiebungen" ereignet haben.[53] Aus der Studie ist zu entnehmen, dass vor allem in den Subtropischen und Borealen Zonen die Temperaturen steigen. Aus der Studie ist zu entnehmen das vor allem in den Subtropischen und Borealen Zonen die Temperaturen steigen[54] bei einem durchschnittlichen globalen Anstieg von etwa 0,74°C (siehe 3.1)

---

[51] Vgl. Forkel (2005).
[52] Vgl. Wieprzeck (2010). und Vgl. Deutschen IPCC-Koordinierungsstelle 2008 S. 9-13, 49-52.
[53] Vgl. Wieprzeck (2010). und Vgl. Deutschen IPCC-Koordinierungsstelle 2008 S. 9-13, 49-52.
[54] Vgl. Wieprzeck (2010). und Vgl. Deutschen IPCC-Koordinierungsstelle 2008. S. 9-13+49-52.

Christos Liusias, Daniel Schmidt, Frieder Gabriel, Ronja Becker

6. Anteil der Globalisierung an der Erderwärmung

In dem nun folgendem Bericht werden wir uns anschauen ob die Erwärmung der Erde auf die Globalisierung zurückzuführen ist. Um diese Frage zu beantworten, müssen wir zuerst ein ganzes Stück in die Vergangenheit Reisen. Vor 21000 Jahren, als die letzte Eiszeit ihr Ende fand, begann der Meeresspiegel zu steigen, aufgrund steigender Temperaturen und dem dadurch resultierenden Schmelzen des Eises. Vor etwa 2000 oder 3000 Jahren begann er sich zu stabilisieren. Von da ab bis zum 19. Jahrhundert hat sich der Meeresspiegel kaum verändert. Doch im laufe des 19. Jahrhunderts und vor allem im 20. Jahrhundert konnte man erneut fortlaufende Anstiege feststellen.[55] Die Globalisierung entstand zu jener Zeit und wurde zunehmend größer und ausgereifter. Durch den weltoffenen Handel und der Vernetzung der Länder kam es zu großen CO_2 Ausstößen zum Beispiel durch den Binnenmarkt oder dem Tourismus. Auch in der Politik ist die Globalisierung ein Grenzenöffner, birgt aber auch Gefahren und Hindernisse. „Ein Weiter-So gibt es nicht. Der Klimaschutz ist die größte Herausforderung des 21. Jahrhunderts."[56] So Merkel. Auch Barack Obama äußert sich zu diesem Thema und sagt „Es gibt nicht den einen Schritt, der den Klimawandelumdrehen kann. Aber wenn es darauf ankommt, welche Welt wir unseren Kindern hinterlassen, schulden wir ihnen zu tun, was wir können."[57] Und doch werden jedes Jahr Politiker von A nach B geflogen und das meist auch noch mit Privatjets. Barack Obama fliegt zum Beispiel mit der Airforce One, ein Flugzeug in dem 390 Personen Platz finden würden, ganz allein mit seinen Politikern. Eine weitere zusäzliche Umweltbelastung, da es genügend Alternativen gibt. Es gibt auch einen CO_2 Verbrauch der nicht mit der Globalisierung sondern mit dem Fortschritt der Technik zusammen hängt. Das Auto nahm unseren Alltag mehr und mehr in Beschlag und verursachte zusätzliche Emisionen. Industrie, Atomkraftwerke und der Haushalt dürfen bei der Entstehung der Treibhausgase selbstverständlich auch nicht fehlen. Bei dem im Punkt vier bereits erwähnten Beispiel mit der Jeans stellt sich die Frage, ob die Belastung der Umwelt, die mit ein paar Cent oder Euro mehr verhindert werden könnte, gerechtfertigt ist. Die Globalisierung und der dadurch resultierende Welthandel macht es einerseits möglich in jeder Jahreszeit Früchte und Gemüse zu essen, die es zu jener Zeit nicht gibt. Aber zu welchem Preis. Dem Menschen ist es so wichtig im Winter vor dem Kamin zu sitzen und Bananen und Erdbeeren zu essen, dass er dafür den Globus mit unnötigen weiteren CO_2 Ausstößen belastet. All die schönen Vorteile, die wir durch die Globalisierung genießen dürfen, sind eng mit der Natur und der Umwelt verbunden. Der Mensch muss sich also fragen, ob er nicht auf den einen oder anderen Luxus verzichten kann und somit der Umwelt die Chance gibt länger gesund zu bleiben. Dies lässt vermuten, dass die Globalisierung mit dem dadurch verbundenen Binnenmarkt, Tourismus usw. seinen Teil zur Erderwärmung beiträgt. Da die Globalisierung ein wandelnder Prozess ist und nicht vom Himmel fällt nimmt der Anstieg des Meeresspiegels

---

[55] Vgl. IPCC 2007
[56] Merkel o.A.
[57] Obama 2013

Christos Liusias, Daniel Schmidt, Frieder Gabriel, Ronja Becker

und der Temperaturen proportional zur Emission zu. Das heißt desto mehr Treibhausgase wir in die Luft schleudern, durch den Binnenmarkt, Tourismus, Nah- und Fernverkehr, Autos, Atomkraftwerke und Industrie usw. umso schneller erwärmt sich unser Planet. Desto schneller sich unser Planet erwärmt, umso schneller schmelzen die Polkappen. Und je schneller die Polkappen schmelzen, desto schneller steigt der Meeresspiegel. Die Welt ist in Seenot!

7. Fazit

Zum Schluss dieser Arbeit sind wir, die Verfasser, der Meinung, dass die Globalisierung ein Katalysator für die globale Erwärmung ist. Durch tausende Reisen um den Globus, die Verfrachtung von Waren zur Produktion oder durch die wachsende Industrie werden täglich Unmengen von Treibhausgasen freigesetzt. Somit sagen wir „Ja", die Golbalisierung wird auf lang oder kurz unser „Untergang" sein. Zwar bringt uns die Globalisierung einander näher und der globale Handel birgt einige Vorteile, doch dürfen wir nie vergessen, wie sehr wir damit der Umwelt und somit auch uns selbst schaden. Auch wenn viele Länder einen kleineren Fußabdruck hinterlassen, ist der Gesamtbeitrag der Menschheit so groß, dass es nicht ins Gewicht fällt, wenn ein oder wenige Länder umweltbewusst vorgehen. Wir müssen alle an einem Strang ziehen, um gegen die globale Erwärmung vorzugehen. Die Einstellung, nach mir die Sinflut, ist nicht mehr angebracht. „Wir dürfen die Annehmlichkeiten der Gegenwart nicht mit unserer Zukunft und der Zukunft unserer Kinder bezahlen.".[58] Wir müssen, so schwer es dem einen oder andern fällt, von unseren hohen Rössern steigen. Die Menschheit darf es sich nicht mehr leisten in Privatjets zu Reisen, oder aus Geiz, Produktiongüter von A nach B und wieder zurück zu verfrachten. Wir belasten mit unserer Art, Dinge anzugehen, viel zu sehr die Umwelt. Der Preis dafür darf nicht auf den Schultern der nächsten Generationen liegen. Wir müssen „JETZT" handeln, „die Bekämpfung des Klimawandels erfordert Politikwandel, Wertewandel, Technologiewandel und Lebensstielwandel gleichermaßen."[59]

---

[58] Dr. Reinhard.
[59] Wulf 2002.

Christos Liusias, Daniel Schmidt, Frieder Gabriel, Ronja Becker

8. Abbildungsverzeichniss

9. Quellen

Alf, Tobias (2011): Essay über „Globale Kleidung" (www-Seite, Stand: 23.12.2011). In: http://www.designmob.de/2011/12/23/essay-globale-kleidung/ (05.04.2014, 15:00 MEZ)

Alf, Tobias (2011): Essay über „Globale Kleidung" (www-Seite, Stand: 23.12.2011). In: http://www.designmob.de/2011/12/23/essay-globale-kleidung/ (05.04.2014, 16:00 MEZ)

Alfred-Wegener-Institut, Helmholtz-Zentrum für Polar- und Meeresforschung (Hrsg.): Factsheet-Allgemein (PDF Datei, Stand: März 2014) In: http://www.awi.de/fileadmin/user_upload/News/Background/IPCC_AR5_2013/Factsheets/Factsheet_Allgemein_20140306_final.pdf (06.04.2014, 12:49 MEZ).

ARD (Hrsg.)(2014): Schmelzende Polkappen, steigende Pegel (WWW-Seite, 17.03.2014) In: http://www.br.de/themen/wissen/klimawandel-schmelzende-pole100.html (08.04.2014, 16:45 MEZ)

Aufmkolk, Tobias (2010): Der Golfstrom (WWW-Seite, Stand: 15.12.2010) In: http://www.planet-wissen.de/natur_technik/meer/golfstrom/ (08.04.2014, 15:48 MEZ).

Bayerischer Rundfunk(Hrsg.)(2012): Der Golfstreom (WWW-Seite, Stand: 06.11.2012) In: http://www.br.de/themen/wissen/golfstrom-meeresstroemung-klimawandel100.html (08.04.2014, 15:34 MEZ).

Bojanowski, Axel (2013): Klimawandel: Forscher rätseln über Stillstand bei Erderwärmung (WWW-Seite, Stand: 18.01.2013) In: http://www.spiegel.de/wissenschaft/natur/stillstand-der-temperatur-erklaerungen-fuer-pause-der-klimaerwaermung-a-877941.html (07.04.2014, 16:40 MEZ).

Bojanowski, Axel (2013): Pause beim Klimawandel: Kühler Pazifik bremst globale Erwärmung (WWW-Seite, Stand: 28.08.2013) In: http://www.spiegel.de/wissenschaft/natur/pause-beim-klimawandel-kuehler-pazifik-bremst-globale-erwaermung-a-919066.html (7.4.2014, 16:35 MEZ).

Buche, Dorothee (2014): Wenn Inseln versinken (WWW-Seite, Stand: 2014) In: GEOlino extra Nr.39-Klimawandel: Wie der Mensch die Erde verändert, http://www.geo.de/GEOlino/natur/klimawandel-wie-der-mensch-die-erde-veraendert-74607.html?p=2&eid=74227 (08.04.2014, 16:32 MEZ).

Büchner, Wolfgang (Hrsg.)(2012): Natürliche Eisbarrieren schmelzen dramatisch (WWW-Seite, Stand: 30.11.2012) In: http://www.spiegel.de/wissenschaft/natur/steigender-meeresspiegel-die-polkappen-schmelzen-dramatisch-a-870145.html (08.04.2014, 16:44 MEZ).

co2online gGmbH (Hrsg.)(2014): Klimawandel regional und global (WWW-Seite, Stand: 2014) In: http://www.klima-sucht-schutz.de/klimaschutz/klimawandel/klimawandel-regional-und-global/ (08.04.2014, 16:16 MEZ).

Deutschen IPCC-Koordinierungsstelle (Hrsg.)(2008): deutsche Übersetzung, Klimaänderung 2007 (PDF Datei, Stand: September 2008) In: http://www.ipcc.ch/pdf/reports-nonUN-translations/deutch/IPCC2007-SYR-german.pdf (08.04.20014, 14:12 MEZ).

Esser, Peter (Hrsg.)(2011): Inselstaaten versinken langsam im Meer (WWW-Seite, Stand: 28.11.2011) In: http://www.mittelbayerische.de/nachrichten/panorama/artikel/inselstaaten_versinken_langsam /731560/inselstaaten_versinken_langsam.html#731560 (08.04.2014, 16:07 MEZ).

Forkel, Matthias (2005): Äquatoriale Klimazone und Zone des Tropischen Wechselklimas (WWW-Seite , Stand: 31.03.12). In: http://www2.klett.de/sixcms/list.php?page=miniinfothek&miniinfothek=geographie%20infot hek&node=Klimazonen&article=Infoblatt+%C3%84quatoriale+Klimazone+und+Zone+des+ Tropischen+Wechselklimas (06.04.2014, 16:23 MEZ).

Forkel, Matthias (2012): Infoblatt Gem. (WWW-Seite, Stand: 17.05.2012). In: http://www2.klett.de/sixcms/list.php?page=miniinfothek&miniinfothek=geographie%20infot hek&node=Klimazonen&article=Infoblatt+Gem%C3%A4%C3%9Figte+Klimazone (06.04.2014, 16:09 MEZ).

Forkel, Matthias (2012): Infoblatt Klimaklassifikationen (WWW-Seite, Stand: 29.05.2012). In: http://www2.klett.de/sixcms/list.php?page=miniinfothek&miniinfothek=geographie%20infot hek&node=Klimazonen&article=Infoblatt+Klimaklassifikationen (06.04.2014, 15:46 MEZ).

Forkel, Matthias (2012): Infoblatt Subpolare und Polare Klimazone (WWW-Seite, Stand: 02.05.2012). In: http://www2.klett.de/sixcms/list.php?page=miniinfothek&miniinfothek=geographie%20infot hek&node=Klimazonen&article=Infoblatt+Subpolare+und+Polare+Klimazone (06.04.2014, 16:04 MEZ).

Forkel, Matthias (2012): Infoblatt Subtropische Klimazone (WWW-Seite, Stand: 02.05.2012). In: http://www2.klett.de/sixcms/list.php?page=miniinfothek&miniinfothek=geographie%20infot hek&node=Klimazonen&article=Infoblatt+Subtropische+Klimazone (06.04.2014, 16:09 MEZ).

Freie Universität Berlin (Hrsg.) (2006): Anthropogener Treibhauseffekt (www-Seite, Stand: 28.03.2006): In: http://www.cms.fu-berlin.de/geo/fb/e-learning/pg-net/themenbereiche/klimaschwankungen/ursachen/anthropogene_ursachen/anthropogener_tre ibhausef-fekt/index.html?TOC=..%2Fanthropogene_ursachen%2Fanthropogener_treibhauseffekt%2Fi ndex.html(08.04.2014, 15:45 MEZ)

Freie Universität Berlin (Hrsg.) (2009): Anthropogener Einfluss (www-Seite, Stand: 03.06.2009): In: http://www.cms.fu-berlin.de/geo/fb/e-learning/pg-net/themenbereiche/klimaschwankungen/ursachen/anthropogene_ursachen/index.html?TOC=. .%2F..%2Fanthropogene_ursachen%2Findex.html (08.04.2014, 15:00 MEZ)

Fuchs, Manuela (2005): Treibhauseffekt- Anthropogener Treibhauseffekt (www-Seite, Stand: o.a.). In: http://www.globalisierung-fakten.de/treibhauseffekt/anthropogener-treibhauseffekt/ (07.04.2014, 16:45 MEZ)

Fuchs, Manuela (2005): Treibhauseffekt- Treibhauseffekt (www-Seite, Stand: o.a.). In: http://www.globalisierung-fakten.de/treibhauseffekt/ (07.04.2014, 17:30 MEZ)

Fuchs, Manuela (2005): Treibhauseffekt- Treibhauseffekt Ursachen (www-Seite, Stand: o.a.). In: http://www.globalisierung-fakten.de/treibhauseffekt/ursachen/ (07.04.2014, 16:50 MEZ)

Fuchs, Manuela (2005): Treibhauseffekt- Treibhauseffekt Ursachen (www-Seite, Stand: o.a.). In: http://www.globalisierung-fakten.de/treibhauseffekt/ursachen/ (07.04.2014, 18:00 MEZ)

Christos Liusias, Daniel Schmidt, Frieder Gabriel, Ronja Becker

Fuchs, Manuela (2005): Treibhauseffekt- Was ist das? (www-Seite, Stand: o.a.). In: http://www.globalisierung-fakten.de/treibhauseffekt/treibhauseffekt-was-ist-das/ (07.04.2014, 16:20 MEZ)

Greenpeace e.V. (Hrsg.)(WWW-Seite, Stand: 06.04.2014) In: http://www.greenpeace.de/themen/klimawandel/folgen-des-klimawandels/es-geht-nicht-um-statistik-es-geht-um-menschenrechte (06.04.2014, 16:51 MEZ).

IPCC (Hrsg.)(2007): Frage 5.1 Steigt der Meeresspiegel an? (WWW-Seite, Stand: 2007). In: http://www.de-ipcc.de/de/174.php (09.04.2014, 13:15 MEZ).

IPCC (Hrsg.), (2007): Zusammenfassung für politische Entscheidungsträger. (PDF Datei, 2007) In: Klimaänderung 2007: Wissenschaftliche Grundlagen. http://www.ipcc.ch/pdf/reports-nonUN-translations/deutch/IPCC2007-WG1.pdf (08.04.2014, 13.51 MEZ).

Jugend im Bund für Umwelt und Naturschutz Deutschland e.V. (Hrsg.): Passt dein Fuß auf diese Erde? (www-Seite). In: http://www.footprint-deutschland.de/inhalt/berechne-deinen-fussabdruck (08.04.2014, 17:00 MEZ)

Käfer, Karl-Heinz (2000): Begleitendes Material für den Unterricht zu „Fair-Kleiden" (PDF-Datei, letzter Stand: o.a.). In: http://195.202.179.11/staytuned/NORMALE/IMGS/N07_FairKleiden.pdf (06.04.2014, 15.40 MEZ)

Orzechowski, Peter (2013): Vor uns die Eiszeit? Wenn der Golfstrom versiegt (WWW-Seite , Stand: 11.10.2013) In: http://info.kopp-verlag.de/neue-weltbilder/neue-wissenschaften/peter-orzechowski/vor-uns-die-eiszeit-wenn-der-golfstrom-versiegt.html (08.04.2014, 15:57 MEZ).

Paeger, Jürgen (2006-2011): Folgen des Klimawandels (WWW-Seite) In: http://www.oekosystem-erde.de/html/klimawandel-02.html (08.04.2014, 16:35 MEZ)

Springer, Axel (2007): Die Tropen dehnen sich nach Norden aus (WWW-Seite, Stand: 04.12.07) In: http://www.welt.de/wissenschaft/article1428257/Die-Tropen-dehnen-sich-nach-Norden-aus.html (06.04.2014, 13:45 MEZ).

Stöcker, Christian (2005): Golfstrom hat sich stark abgeschwächt (WWW-Seite, Stand: 30.11.2005) In: http://www.spiegel.de/wissenschaft/natur/klimawandel-golfstrom-hat-sich-stark-abgeschwaecht-a-387715.html (08.04.2014, 15:42 MEZ).

Tagesschau (Hrsg)(2014): Das IPCC und die Klimaberichte der UN (WWW-Seite, Stand: 31.03.2014) In: http://www.tagesschau.de/ausland/ipcc2~_origin-753877e4-a474-4cd5-82b3-47df4b7ff4ca.html (07.04.2014, 16:55 MEZ).

Tagesschau (Hrsg.)(2013): Klimabericht (WWW-Seite, Stand: 27.09.2013) In: http://www.tagesschau.de/ausland/klimabericht100.html (07.04.2014, 17:00 MEZ).

Christos Liusias, Daniel Schmidt, Frieder Gabriel, Ronja Becker

Wagner, Axel (2006): Eiszeit-Gletscherzeit (WWW-Seite, Stand: 24.08.2006) In: http://web.archive.org/web/20070904005943/http://www.planet-wissen.de/pw/Artikel,,,,,,,DB7D76F3B8747490E0340003BA5E0905,,,,,,,,,,,,,,.html (08.04.2014, 16:53 MEZ).

Wieprzeck, Jörg (2009): Abschmelzen der Gletscher (WWW-Seite, 22.07.2009) In: http://www.biosphaere.info/biosphaere/index.php?artnr=000194 (08.04.2014, 16:55 MEZ)

Wieprzeck, Jörg (2010): Biosphaere (WWW-Seite, Stand: 06.09.2010) In: http://www.biosphaere.info/biosphaere/index.php?artnr=000192#ank11 (06.04.2014, 14:18 MEZ).

Wulf, Andreas (2002): Weltreise einer Jeans (www-Seite, Stand: 2002). In: http://www.globalisierung-online.de/CD_Demo/modul_jeans/ (07.04.2014,17:00 MEZ)

WWF (Hrsg.)(2011): „Die Energiewende hat große Akzeptanz" „Es ist jetzt die zweite Studie zum Thema: Was sind die Unterschiede gegenüber der ersten Studie aus dem Jahr 2011?" (www-Seite, Stand: 2011). In: http://www.wwf.de/themen-projekte/studie-umweltbewusstsein/ (08.04.2014, 16:00 MEZ)

Christos Liusias, Daniel Schmidt, Frieder Gabriel, Ronja Becker

Christos Liusias, Daniel Schmidt, Frieder Gabriel, Ronja Becker